◆ Biscuit Classroom
Graphic Tutorials ◆

餅乾教室
圖解教程
1

營養、手塑、擠注

張德芳 ——— 著

目錄 CONTENTS

chapter 01 / **營養美味餅乾**
Delicious cookies

chapter 02 / 手工塑型餅乾
Hand-plastic cookies

chapter 03 / 擠注型餅乾
Squeeze-type cookies

::: 作者序 :::

　　多年前，一位教會的朋友送了我一本「餅乾」烘焙書，從此便一頭栽進了奶油麵粉的世界裡！從事烘焙教學的工作至今即將邁入第 18 個年頭了，比別人幸運的是，烘焙是我的興趣，而興趣就是我的工作，我樂於悠遊在烘培的天地裏和學生們互動，可以在每次的操作中再次學習，而他們對烘培的熱情也成為我不斷向前的動力。

　　本書彙總了時下人氣最旺的數十道餅乾，結合了過去教學內容再整理，在預備內容時，加入更多造型，材料上的變化，更豐富了這本書。書中也針對一些在教學上，學生比較常碰到的問題做說明！寫這本書就像是在給學生們上課的心情一樣，除了把好吃的餅乾介紹給大家，也讓大家可以按照步驟做，「簡單學，輕鬆做」。我常常建議想學烘焙的學生，在還沒有基礎的情況之下可以從餅乾入門，簡單易學，失敗率低又可以增加在烘焙這條路上的信心！這本書將餅乾做了基本的分類，並且加上照片圖解，只要按部就班照著操作，相信你也會是下一個餅乾達人喔！

　　「烘焙」這個興趣我將堅持下去，可以把對烘焙的熱情傳遞出去，讓吃到甜點的人感到無比的滿足和幸福，不也應證了一句話，「 施比受更有福」嗎！

　　烘焙的世界包羅萬象，在其中學習到的美味糕點讓人滿足、分享給家人朋友更是另一種幸福！這本書希望帶給您的感受是我對烘焙的信念和堅持、並且能夠將這份熱情傳遞出去，讓更多的人對烘焙產生興趣。

張德芳

張德芳

◆ 現任
義興原料教室　烘焙指導老師
夢想法國號廚藝教室　指導老師
新北市糕餅工會　特聘講師

◆ 證照
國家烘焙乙級證照

◆ 經歷
「基隆啟智協會」　烘焙指導老師
「致福益人學苑」　烘培班老師

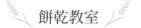

餅乾教室
課前準備

∴ 上課前的小叮嚀

這裏綜合整理了教學時，學生常會問到的問題，在開始製作餅乾前，我們先來看看有哪些是值得注意的事，充分了解後，製作起來可以更得心應手！

1. 配方中有「全蛋」、「蛋黃」、「蛋白」，若單位是「公克」，請以去殼「淨重」來秤；總重約 50g，蛋白 30 ～ 35g，蛋黃 15 ～ 20g，通常是以一般「中型洗選蛋」為標準哦！

2. 配方中的固體油脂各有其特殊的風味和烤焙後不同的效果，也可以替換使用，創造出屬於自己喜愛的獨特口感。

3. 製作出的成品數量可以隨著需求調整，但要記得將所有材料等比例的增減才正確。如果想要讓餅乾看起來更小巧精緻，也可以依照配方上的指示，分割成小一點的重量，同樣的也可以放大來製作！

4. 配方中的烤焙溫度和時間是大原則，通常為了讓餅乾可以烤透且不焦黑，使用的烘烤溫度都不致於太高，建議您還是要先和家裏的烤箱做「好朋友」，摸熟了它的狀況，才能烤出各種美味的餅乾。很重要的一點，烤箱預熱動作是必須的，就照食譜上烤焙溫度來預熱即可，預熱的時間大約 15-20 分鐘！

5. 烤箱則須選用有溫度及時間二大基本功能的烤箱，家庭烤箱若沒有分上、下火溫，而上下烤溫差 2 ～ 30 度時，可以取其平均溫度來烤焙；若上下火溫差大，就必須移動餅乾放的層架位置，烤焙出來的顏色才會漂亮，烤焙中為了上色均勻，不要忘記將烤盤調頭哦！

6. 一般餅乾要烤到金黃酥脆，香味才會出來。學生常問到要如何判斷餅乾是否烤好了？一是看餅乾的著色程度，一般來說是呈現誘人的金黃色；二是可以摸摸看餅乾中央，若是硬的，表示已經烤透了，出爐冷卻後就會呈現酥脆的口感了。

7. 記得烤好的餅乾冷卻後，要用密封罐或密封袋妥善保存才能保持餅乾絕佳的品嚐風味。

8. 配方表中的材料以英文字母 A、B、C 來做歸類，通常都是屬於同質性或在同一步驟可以一起攪拌、一起過篩、一起加入的材料，秤料時可以放在一起，可以簡化前置準備動作哦！

各式材料簡介

∴ 粉類

◆ 麵粉

依蛋白質含量的比例分為高、中、低筋，其中以高筋麵粉的蛋白質含量為最高，由於筋性較強口感硬脆，適合用來製作麵包或當防沾手粉使用；中筋麵粉又稱「粉心麵粉」，適合用來製作包子等中式麵點。

◆ 麵點

低筋麵粉的筋性低口感較鬆，適合用來製作蛋糕及餅乾，但有時會依照不同口感來更換麵粉種類！

◆ 奶粉

即牛奶以噴霧乾燥處理後的粉末，也可以用奶粉：水 =1：9 的比例調製成牛奶。

◆ 可可粉

將巧克力中的可可脂壓出後所留下的固體物，再經研磨成粉。

◆ 玉米澱粉

俗稱「玉米粉」，加在餅乾中可使餅乾口感較酥鬆。

∴ 油脂類

◆ 奶油

由牛奶中提煉出來，分為有鹽和無鹽兩種；在製造過程中加入乳酸菌發酵而製成的奶油又稱為「發酵奶油」，奶油通常是做為蛋糕及西點的主要原料之一！奶油熔點低，須放置冷藏保存。

◆ 白油

是經氫化加工的植物性油脂，顏色白且呈固體狀，熔點較奶油高，在製作奶油蛋糕或餅乾時，可使其更鬆發，口感酥鬆，可置於常溫保存。

◆ 酥油

由奶油中去除水份，含水量在千分之三以下的天然油脂，又稱為「無水奶油」。另有一種為加工酥油，是利用白油氫化後添加黃色素及香料調製而成的，也屬於植物性油脂。

◆ 豬油

從豬的脂肪中提煉出來的，較常使用在中式點心裏。

◆ 瑪琪琳

含水量在 15 ～ 20%，鹽佔 3%，熔點也高，可取代奶油使用在蛋糕西點中。

∴ 糖類

◆ **白砂糖**

有分為粗細顆粒，一般常將細砂糖加在西點中使用。

◆ **二砂糖**

又稱為「黃砂糖」，顏色偏金黃色；含有焦糖成份及特殊風味。

◆ **糖粉**

由細砂糖研磨而成細粉狀，但容易受潮結粒，故在糖粉中會加入少量的玉米澱粉，使用時則須經過過篩的程序。

◆ **紅糖**

也稱為「黑糖」，含有濃郁的糖蜜及蜂蜜的香味，多用在顏色較深或香味濃郁的糕點中。

◆ **蜂蜜**

蜜蜂採集的花蜜製成的，屬天然糖漿；使用在糕點中有增色及特殊風味的效果，含有轉化糖的成份。

◆ **轉化糖漿**

砂糖加入酸煮至適當溫度，冷卻後加入鹼中和。加入糕點中有保濕作用。

∴ 添加劑

◆ **泡打粉（Baking Powder）**
屬化學膨大劑，在烤焙中可以使產品有膨脹或膨鬆效果，通常與麵粉一起過篩混合。

◆ **小蘇打粉（Baking Soda）**
屬鹼性，加入水中或遇熱會產生作用；可加入糕點裏中和酸性，一般巧克力類蛋糕常用到。

∴ 堅果及蜜餞果乾類

通常在製作餅乾時常會加入適量堅果及水果乾，豐富餅乾的口感及風味，以放在冰箱儲存為最佳的保存方式，也可以按個人喜好更換不同的食材來使用。

❶ 電子秤

選擇以「公克」為單位的電子秤並記得扣除容器本身的重量，正確的秤量材料重量是做出美味餅乾的第一步！

❷ 量匙

可用來量配方中份量小的粉類，量匙分別為1 大匙、1 小匙、½ 小匙、¼ 小匙。

❸ 鋼盆

材質較輕，耐磨損且方便加熱，用來攪拌及盛裝麵團用的容器。

❹ 篩網

粉類材料容易在保存過程中受潮，所以攪拌前都要先過篩防止結粒，以防材料拌不均勻。

❺ 直立型打蛋器

以手動的方式，將加入的油脂或濕性材料打散拌勻或打成膨鬆狀態。

❻ 電動打蛋器

可以取代直立型打蛋器的功用，特別是蛋白或油脂須要打發時，或是製作份量大時，就可以節省許多的力氣。

❼ 橡皮刮刀、刮板

可利用刮刀將粉類加入濕性的奶油糊或蛋白霜中拌勻，也可將容器中的生料集中刮淨，減少耗損及浪費。

❽ 麵棍

麵團在開壓延展時的必備工具，有木頭或塑膠材質。

❾ 餅乾壓花模

可以發揮個人的創意，依喜好將麵團塑造出各式各樣的造型。

❿ 各式框模及模板

冷凍麵團可壓入框模成型，而模板的使用則是將稀軟的麵糊抹平方便固定型狀厚薄。

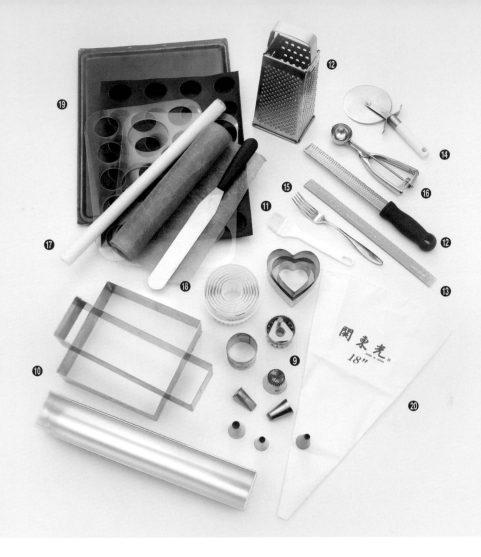

❶ 毛刷

可以用在餅乾入烤箱前刷上蛋液、或在成品表面刷上巧克力裝飾。

⑫ 刨絲器

用來刨檸檬皮或巧克力的刨絲工具。

⑬ 尺

用來丈量麵團須要整型的尺寸厚度。

⑭ 滾輪刀

可方便快速的將已定型好尺寸的麵團裁切成適當的大小。

⑮ 叉子

有些麵團必須戳洞，或在表面用叉子畫出造型線條來做裝飾。

⑯ 冰淇淋杓

在做圓片餅乾時，可以用不同尺寸的冰淇淋杓挖取定量的麵糊，做出大小一致的餅乾。

⑰ 烘焙布及烘焙紙

將餅乾生料置於烘焙布及紙上，可防止烤好的餅乾沾黏在烤盤上不易取下，切記勿在烘焙布上有任何以刀子切割的動作使其破損，這樣才可清洗晾乾重覆使用。

⑱ 抹刀

在做薄片餅乾時可用來將麵糊抹平，或塗抹夾餡時的工具。

⑲ 烤盤

烤盤分一般及防沾材質。

⑳ 擠花袋及花嘴

麵糊較濕軟時可裝入擠花袋擠注，或利用書中有使用到的平口花嘴、扁平鋸齒花嘴、尖齒花嘴（或稱菊花花嘴）……等，來擠出各式的餅乾造型。

製作擠注型餅乾

奶油加過篩後的糖粉一起高速打發。

打發至奶油糊呈絨毛狀，顏色呈淺白色。

再加入過篩後的粉類拌勻。

將麵糊裝入擠花袋以花嘴擠出形狀。

製作蛋白霜

01 將蛋白打發至起粗泡。

02 加入細砂糖繼續打發至乾性。

03 呈小彎勾狀的乾性發泡蛋白霜。

04 再加入過篩後的粉類拌勻。

01

營養美味餅乾

Delicious cookies

　　以燕麥、堅果、全麥等素材作為營養餅乾的主角，這將會是你早午茶、下午茶和消夜的最佳首選。

營養美味餅乾

榛果手工餅乾

份量 30 片

材料配方

A. 奶油 180g、細砂糖 90g

B. 全蛋 1 顆

C. 榛果粉 70g、低筋麵粉 250g

D. 榛果粒適量

E. 苦甜巧克力適量

製作過程

01
材料 A 打發至絨毛狀。

02
先將材料 B 打散，再分次加入步驟 1 拌勻。

03
材料 C 過篩，備用。

04
材料 C 加入步驟 2。

05
全部混合拌勻。

06
先將麵團分割成每個 20g 大小後，再壓整成 0.5cm 厚的圓片。

07
先在麵糊表面嵌入一粒榛果，再整盤放入烤箱烘烤。

08
以上火 180°C ／下火 160°C，烤約 20 分鐘。

09
待餅乾冷卻，用溶化的巧克力畫出細線條裝飾，即可完成。

TIPS

整型前可於工作檯和手上沾撒些許的高筋麵粉，目的為防止沾黏。

營養美味餅乾

全麥餅乾

份量 40 片

材料配方

A. 奶油 150g、糖粉 100g

B. 全蛋 60g

C. 全麥麵粉 270g、泡打粉 ¼ 小匙

D. 烤香白芝麻 50g

製作過程

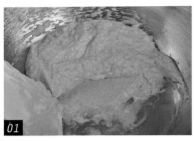

01
材料 A 拌勻,再將材料 B 分次加入拌勻。

02
先將材料 C 料過篩,備用。

03
將材料 C 加入步驟 1 拌勻。

04
將材料 D 烤出香味,備用。

05
最後將烤過的材料 D 加入步驟 3 拌勻。

06
將麵團擀開至 0.3cm 厚的長方形。

07
裁切成 4.5cm×6cm 的長方形。
(註:剩餘的麵團可集中再擀開裁切。)

08
將裁切好的麵團,整齊排入烤盤中,表面戳孔,再放入烤箱烘烤。

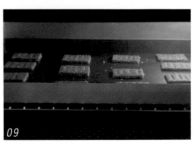

09
以上火 160°C /下火 140°C,烤約 20 ~ 25 分鐘。

營養美味餅乾

葡萄乾玉米脆片

份量 40 片

材料配方

A. 奶油 80g、酥油 80g、細砂 100g

B. 全蛋 2 顆、香草精少許

C. 低筋麵粉 220g、泡打粉 1 小匙

D. 玉米脆片 80g、碎核桃 80g、
   葡萄乾 100g

E. 玉米脆片適量

🍳 製作過程

01
將材料 A 一起打發至絨毛狀。

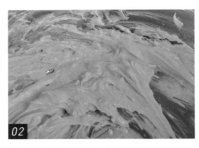
02
分次加入 B 料拌勻。

03
材料 C 過篩，備用。

04
將材料 C 加入步驟 2 拌勻。

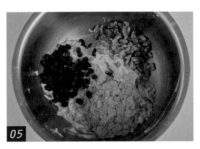
05
依序加入材料 D 後拌勻。

06
將拌好的麵團冷藏 30 分鐘，取出後再分割成每個 20g 大小。

07
將分割好的麵團表面沾裹上玉米脆片。

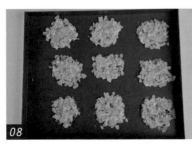
08
全部排入烤盤中，逐一壓扁後即可放入烤箱烘烤。

09
以全火 160°C，烤約 20 ～ 25 分鐘。

TIPS
市售玉米脆片分為有糖及無糖兩種，可依個人喜好選擇添加！

營養美味餅乾

蔓越莓夏威夷豆餅

份量 40 片

材料配方

A. 奶油 240g、細砂糖 200g

B. 全蛋 100g

C. 夏威夷豆 140g

D. 低筋麵粉 270g、泡打粉 ¼ 小匙

E. 蔓越莓乾（切碎）70g

 製作過程

01 材料 A 打發。

02 材料 B 料加入步驟 1 拌勻。

03 將材料 C 處理成粗粉粒狀，加入步驟 2 中拌勻。

04 材料 D 料過篩，備用。

05 將材料 D 和 E 加入步驟 3 拌勻，稍壓扁後放入冰箱冷藏約 30 ～ 60 分鐘。

06 將麵團分割成每個 25g 大小。

07 全部排入烤盤中，再逐一壓成 0.5cm 扁圓形狀。

08 將每個麵團表面嵌入一粒夏威夷豆，即可放入烤箱烘烤。

09 以上火 170℃／下火 150℃，烤約 20 分鐘。

✎ TIPS

夏威夷豆勿打成細的粉末狀，吃起來才會有堅果的口感和香味，也可以用刀子切碎後使用。

營養美味餅乾

黑糖燕麥餅

份量 40 片

材料配方

A. 奶油 250g、黑糖 100g

B. 全蛋 125g

C. 即食燕麥片 100g

D. 低筋麵粉 320g、小蘇打粉 ½ 小匙

E. 即食燕麥片適量（沾裹用）

製作過程

01

將材料 A 打發至絨毛狀。

02

分次加入 B 料拌勻。

03

加入材料 C 拌勻。

04

材料 D 過篩，備用。

05

將材料 D 加入步驟 3 拌勻，再放入冰箱冷藏約 30 ～ 60 分鐘。

06

麵團分割成每個 20g 大小。

07

先搓圓後再均勻的沾裹上材料 E。

08

全部排入烤盤中，逐一壓成 1cm 厚的圓扁狀，即可放入烤箱烘烤。

09

以上火 180℃／下火 160℃，烤約 20 ～ 25 分鐘。

營養美味餅乾

肉桂核桃餅

份量 35 片

材料配方

A. 奶油 270g、糖粉 90g

B. 蛋白 45g

C. 肉桂粉 10g、低筋麵粉 400g

D. 核桃碎 80g

製作過程

01 將材料 A 打發至絨毛狀，再加入材料 B 拌勻。

02 材料 C 過篩，備用。

03 材料 C 加入步驟 1。

04 將麵團拌勻。

05 加入材料 D 料拌勻，再放入冰箱冷藏約 30 ~ 60 分鐘。

06 將麵團分割成每個 25g 大小。

07 全部排入烤盤中，再逐一壓成圓扁狀。

08 全部塑型後即可放入烤箱烘烤。

09 以上火 170℃／下火 160℃，烤約 20 分鐘。

營養美味餅乾

夏日莓果燕麥餅

份量 35 片

材料配方

A. 奶油 150g、黃砂糖 110g

B. 全蛋 1 顆

C. 小蘇打粉 ½ 小匙、中筋麵粉 160g

D. 蔓越莓乾 40g、蜜草莓乾 40g、
藍莓乾 40g、即食燕麥片 220g、
椰子絲 40g、耐烤巧克力豆 100g

製作過程

材料 A 料加熱至奶油溶化。

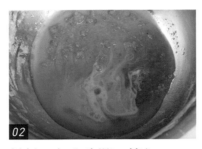
材料 B 加入步驟 1 拌勻。

材料 C 過篩，備用。

將材料 C 加入步驟 2。

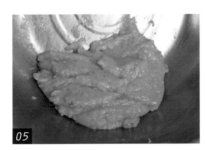
將麵團拌勻。

將材料 D 依序拌入麵團中。

將麵團分割成每個 25g 大小。

全部排入烤盤，再壓成直徑約 7cm 圓扁狀，即可放入烤箱烘烤。

以上火 180°C ／下火 180°C，烤約 20 分鐘。

TIPS

餅乾麵團攪拌好後較鬆散，可分割後稍微捏成團再壓扁！

營養美味餅乾

紅麴米香餅

份量 40 片

材料配方

A. 奶油 150g、細砂糖 90g

B. 蜂蜜 60g、全蛋 60g

C. 低筋麵粉 280g、紅麴粉 18g、泡打粉 ½ 小匙

D. 米香粒 50g、烤香黑芝麻 40g

🖍 製作過程

材料 A 稍打發。

依序加入材料 B 拌勻。

材料 C 過篩，備用。

將材料 C 加入步驟 2 拌勻。

加入材料 D 拌勻。

取出拌好的麵團，放入冰箱冷藏 30 分鐘。

將麵團擀開至米香一樣的厚度（約 0.5cm）。

用直徑 5 ～ 6cm 壓花模壓成型，再排入烤盤中，即可放入烤箱烘烤。

以上火 170℃／下火 160℃，烤約 20 ～ 25 分鐘。

營養美味餅乾

擂茶巧酥

份量 50 顆

材料配方

A. 奶油 180g、糖粉 180g、小蘇打粉 ¼ 小匙、泡打粉 ¼ 小匙、鹽 ¼ 小匙

B. 全蛋 60g

C. 低筋麵粉 250g、玉米粉 80g、 擂茶粉 80g

D. 腰果適量

製作過程

01 材料 D 烤至稍上色，備用。

02 先將材料 A 拌勻，再分次加入材料 B。

03 將材料 A、B 混合拌勻。

04 材料 C 過篩，備用。

05 將材料 C 加入步驟 3 拌勻。

06 將麵團分割成每個 15g 大小，搓圓後再排入烤盤中。

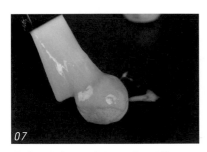

07 在麵團表面刷上兩次蛋黃。

08 貼上一片稍烤過的材料 D 裝飾，即可放入烤箱烘烤。

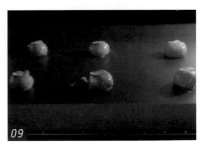

09 以上火 160°C ／下火 140°C，烤約 20 ～ 25 分鐘。

TIPS

1. 可選用一般市售的擂茶粉來使用！

2. 第一次刷上蛋黃後，可隔 5 分鐘後再刷上第二次，呈現出來的效果會更好。

營養美味餅乾

蕎麥酥

份量 20 片

🍳 材料配方

A. 日式芝麻醬 40g、酥油 220g、
   鹽 1g、糖粉 80g

B. 全蛋 70g

C. 蕎麥粉 35g

D. 低筋麵粉 260g、泡打粉 3g

E. 蕎麥粒 30g

🥣 製作過程

01 材料 A 料打發至絨毛狀。

02 加入材料 B 拌勻。

03 材料 D 過篩，備用。

04 將材料 C、D、E 依序加入步驟 2 拌勻。

05 將麵糊裝入擠花袋中。

06 以平口花嘴在每個直徑 5.5 公分的圓形金屬框模中擠入約 30g 麵糊。

07 表面刷上蛋黃。（註：可依個人喜好決定是否要先取下金屬框模。）

08 先以叉子劃出紋路，再將烤盤送入烤箱烘烤。

09 以上火 170℃／下火 120℃，烤約 30 ～ 35 分鐘。（註：使用金屬框模一起烘烤，能使餅乾更顯立體。）

✐ TIPS

1. 蕎麥粉在一般雜糧行買的到，若買到蕎麥粒可用調理機打碎使用。

2. 餅乾烤熟會自動離模，所以框模不須事先抹油處理。

01

營養美味餅乾

ㄋㄟㄋㄟ餅乾

份量 20 個

⚖ 材料配方

A. 低筋麵粉 400g、泡打粉 ¼ 小匙、
奶油 100g、細砂糖 80g、鹽 ¼ 小匙、
奶粉 20g、全蛋 30g

B. 小蘇打粉 2g、水 12g
C. 牛奶 100g

34

製作過程

01
先將材料 A 中的粉類過篩，備用。

02
材料 A 全部混合，備用。

03
材料 B 溶勻後加入步驟 2 拌勻。

04
材料 C 加入步驟 3。

05
全部拌勻成麵團。

06
將麵團擀開。

07
擀開後的麵團須反覆折疊擀壓六、七次。

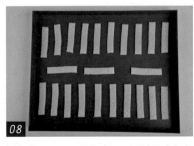
08
開成 0.4cm 厚度，再切割成 2cm×10cm 的長條狀；表面戳孔後排入烤盤中。

09
以上火 160°C／下火 150°C，烤約 25 ～ 30 分鐘。

TIPS

可以利用壓麵機來延壓麵團，使餅乾表面更光滑也同時節省了力氣！

營養美味餅乾

奶香腰果餅

份量 35 個

⚖ 材料配方

A. 發酵奶油 200g、糖粉 100g
B. 蛋黃 2 顆

C. 低筋麵粉 200g、奶粉 100g、
   奶香粉 ½ 小匙、泡打粉 1 小匙
D. 腰果 100g

製作過程

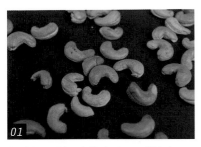

材料 D 烤至稍上色，備用。

材料 A 稍微打發。

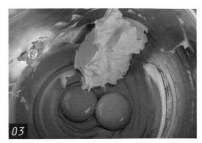

將材料 B 加入步驟 2 拌勻。

材料 C 過篩，備用。

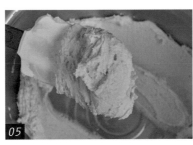

材料 C 加入步驟 3 混合拌勻。

材料 D 切碎後加入麵團中拌勻。

將麵團分割成每個 20g 大小，再全部塑型成腰果彎月狀。

全部排入烤盤中，再將表面篩上一層薄薄的奶粉，即可放入烤箱烘烤。

以上火 140°C ／下火 100°C，烤約 25 分鐘。

營養美味餅乾

松子酥

份量 50 片

材料配方

A. 奶油 190g、細砂糖 90g

B. 全蛋 30g

C. 松子 40g

D. 低筋麵粉 220g、泡打粉 ½ 小匙

E. 松子 40g

🍞 製作過程

01
將材料 A 拌勻。

02
加入材料 B。

03
將材料 A、B 混合拌勻。

04
可將材料 C 先處理成粗粉狀，再加入步驟 3 拌勻。

05
先將材料 D 過篩，再加入步驟 4。

06
拌入材料 E，再放入冰箱冷藏 30 分鐘。

07
將麵團擀開約 0.4 ～ 0.5cm 厚。

08
用直徑 5cm 的壓花模壓出造型，再全部排入烤盤，即可放入烤箱烘烤。

09
以上火 170℃ ／下火 160℃，烤約 20 ～ 25 分鐘。

TIPS

可依個人喜好選用不同模具造型。

02

手工塑型餅乾

Hand-plastic cookies

用萬能的雙手,或搓、或捏、或壓……既
輕鬆又簡單的做出美味、百變的美式風格餅乾。

手工塑型餅乾

咖啡雪球

份量 50 顆

材料配方

A. 奶油 360g、糖粉 140g

B. 咖啡濃縮醬 15g

C. 杏仁粉 180g、研磨咖啡粉末 30g

D. 低筋麵粉 360g

🔥 製作過程

材料 A 全部加在一起。

將材料 B 加入步驟 1 拌勻。

依序將材料 C 加入步驟 2 拌勻。

材料 D 過篩，備用。

將材料 D 加入步驟 3 拌勻。

麵團分割成每個 20g 大小，搓圓後排放於烤盤中。

以上火 170°C ／下火 150°C，烤約 20 分鐘。

出爐後待稍降溫，再沾滾上一層糖粉。

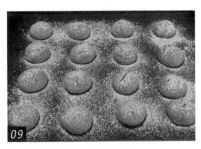

待放涼後即可食用。

TIPS

研磨咖啡粉末是咖啡豆以調理機打成粉末狀加入麵團中的，並不會溶解；細細的粉粒除了加重咖啡的風味，一口咬下雪球還增加了視覺上的效果和口感！

椰子球

份量 60 顆

🍳 材料配方

A. 蛋黃 170g、細砂糖 120g、鹽 ¼ 小匙　　C. 椰子粉 310g

B. 奶油 65g　　　　　　　　　　　　　　D. 奶粉 50g

🧈 製作過程

材料 A 全部加在一起。

將材料 A 攪拌至糖溶化。

加入材料 B。

將材料 A、B 拌勻。

將材料 C 加入步驟 4 拌勻。

加入材料 D 拌勻。

分割成每個 12g 大小，並搓成圓球狀。

全部排放於烤盤中。

以上火 190°C ／下火 150°C，烤約 15 分鐘。

手工塑型餅乾

薰衣草餅乾

份量 45 片

材料配方

A. 奶油 225g、糖粉 120g

B. 全蛋 65g

C. 薰衣草香料適量

D. 玉米粉 20g、低筋麵粉 275g

E. 乾燥薰衣草適量

🔧 製作過程

材料 A 加在一起拌勻。

先將材料 B 打散，再加入步驟 1。

將材料 A、B 混合拌勻。

加入適量的材料 C 來增加風味及色彩。

材料 D 過篩，備用。

將材料 D 加入步驟 4 拌勻。

麵團分割成每個 15g 大小，再壓成 0.5cm 厚的圓扁狀。

將材料 E 裝飾於麵團上，即可放入烤箱烘烤。

以上火 160°C ／下火 150°C，烤約 20 分鐘。

手工塑型餅乾

巧克力起普

份量 30 片

🔖 材料配方

A. 奶油 160g、黑糖 130g

B. 全蛋 65g

C. 低筋麵粉 270g、小蘇打粉 ¼ 小匙

D. 核桃碎 65g、碎巧克力 65g

🧇 製作過程

01 將材料 A 打發至絨毛狀。

02 加入材料 B 拌勻。

03 材料 C 過篩,備用。

04 將材料 C 加入步驟 2 拌勻。

05 巧克力剁成碎末狀備用。

06 將材料 D 加入步驟 4 拌勻。

07 將拌好的麵團放入冰箱冷藏 30 分鐘。

08 將麵團分割成每個 25g 大小,再壓成厚 0.8cm 的圓扁狀。

09 以全火 180°C,烤約 15 ～ 20 分鐘。

TIPS

這款餅乾在烤焙時較易外擴攤開,所以每片之間要間隔大一點才不會黏在一起!

手工塑型餅乾

花生手工餅乾

份量 25 片

⚖ 材料配方

A. 奶油 120g、花生醬 160g、
　　細砂糖 120g

B. 全蛋 1 顆

C. 低筋麵粉 240g、泡打粉 ½ 小匙

D. 熟花生片 100g

01 將材料 A 打發至絨毛狀。

02 材料 C 過篩,備用。

03 材料 B 加入步驟 1 拌勻。

04 材料 C 加入步驟 3。

05 全部混合拌勻。

06 將材料 D 加入步驟 4 拌勻,再放入冰箱冷藏約 30 ～ 60 分鐘。

07 將麵團分割成每個 30g 大小,再搓、滾成圓團狀。

08 全部放入烤盤中,再逐一壓成圓扁狀。

09 以上火 160°C /下火 160°C,烤約 20 ～ 25 分鐘。

TIPS

這裡使用的花生醬是一般市售無顆粒的純花生醬。

手工塑型餅乾

核果蛋白餅

份量 35 個

材料配方

A. 蛋白 120g、細砂糖 50g

B. 杏仁粉 130g、糖粉 160g、玉米粉 15g

C. 碎核桃 200g、開心果粒 40g

製作過程

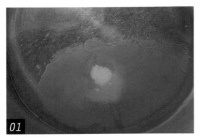
01
材料 A 全部加在一起。

02
將材料 A 打發。

03
須打發至乾性發泡。

04
材料 B 過篩，備用。

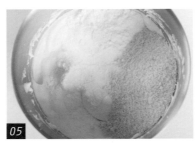
05
將材料 B 加入步驟 3。

06
全部混合拌勻。

07
材料 C 加入步驟 6。

08
取 20g 麵糊舀入直徑 5cm 的圓形框模內抹平。（註：湯匙沾取蛋白是防黏。）

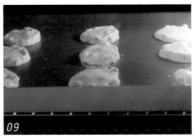
09
以上火 140℃／下火 120℃，烤約 50 分鐘。

TIPS

1. 將金屬框模一起放入烤箱烘烤，目的是為了讓餅乾更顯立體，可依個人喜好選擇是否取下。

2. 圓形框模要有 4cm 以上的高度，使用前在框模內緣抹上油，烤好後較易脫模。

3. 此餅乾需要低溫耐心烤焙，才能使中心烤透，呈現鬆脆的口感。

手工塑型餅乾

藍莓乾果餅乾

份量 40 片

🔽 材料配方

A. 奶油 50g、酥油 40g、細砂糖 100g、
   鹽 1g

B. 全蛋 100g

C. 牛奶 180g

D. 肉桂粉 10g、小蘇打粉 ½ 小匙、
   低筋麵粉 340g

E. 蔓越莓乾 50g、耐烤巧克力豆 80g、
   小藍莓乾 50g

🍳 製作過程

01
材料 A 加在一起，稍微打發。

02
加入材料 B 拌勻。

03
將材料 D 全部加在一起。

04
材料 D 過篩，備用。

05
先將一半的材料 C、D 加入步驟 2。

06
全部混合拌勻。

07
最後再將剩下的材料 C、D 加入步驟 6 拌勻。

08
將材料 E 加入步驟 7 拌勻。

09
以湯匙舀每個 25g 麵糊在烤盤上抹勻，即可放入烤箱烘烤。（註：火 200°C ／下火 160°C，烤約 15 ～ 20 分鐘。）

TIPS
因為此配方中的濕性材料多，因此要和粉類交叉拌入，攪拌時才不致於產生油水分離的情形。烤焙好的餅乾口感屬於軟式餅乾！

巧克力豆餅

份量 40 個

材料配方

A. 奶油 230g、軟質巧克力 150g、
糖粉 75g

B. 低筋麵粉 300g、可可粉 50g

C. 耐烤巧克力豆適量

製作過程

01 材料 A 加在一起。

02 將材料 A 拌勻。

03 將材料 B 全部放在一起。

04 材料 B 過篩，備用。

05 將材料 B 加入步驟 2 拌勻。

06 將麵團分割成每個 20g 大小，再搓、滾成圓團狀。

07 全部放入烤盤中，再壓整成圓扁狀。

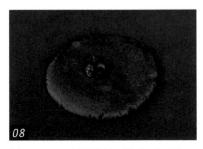

08 放 3 ～ 4 粒耐烤巧克力豆，即可放入烤箱烘烤。

09 以上火 190°C ／下火 160°C，烤約 20 ～ 25 分鐘。

草莓風味起普

份量 30 片

材料配方

A. 奶油 150g、無水奶油 70g、
　 細砂糖 110g、鹽 2g

B. 全蛋 1 顆

C. 草莓果泥 30g

D. 低筋麵粉 270g、泡打粉 ½ 小匙

E. 蜜草莓乾 70g、碎核桃 50g

🥛 製作過程

將材料 A 稍微打發。

加入材料 B 拌勻。

材料 D 全部加在一起。

將材料 D 過篩，備用。

分別將材料 C、D 加入步驟 2 拌勻。

將材料 E 加入步驟 5 拌勻，再放入冰箱冷藏約 30 ～ 60 分鐘。

將麵團分割成每個 25g 大小。

搓圓後壓整成圓扁狀，即可放入烤箱烘烤。

以上火 160°C ／下火 150°C，烤約 20 ～ 25 分鐘。

TIPS

草莓果泥是冷凍進口果泥，新鮮草莓果泥烤焙後顏色會變暗，所以較不適合。

手工塑型餅乾

巧克力燕麥餅

份量 30 片

材料配方

A. 奶油 90g、酥油 70g、細砂糖 90g

B. 全蛋 60g

C. 即食燕麥片 110g

D. 小蘇打粉 ¼ 小匙、可可粉 25g、
　 低筋麵粉 160g

E. 耐烤巧克力豆 50g

製作過程

01
材料 A 全部加在一起打至稍發。

02
材料 B 加入步驟 1 拌勻。

03
材料 C 加入步驟 2 拌勻。

04
將材料 D 全部過篩，備用。

05
將材料 D 加入步驟 3 拌勻。

06
加入材料 E 拌勻，再放入冰箱冷藏 30 分鐘。

07
取出冷藏好的麵團，分割成每個 20g 的大小。

08
壓整成 0.5cm 厚度，再全部排入烤盤中，即可放入烤箱烘烤。

09
以上火 170°C ／下火 140°C，烤約 25 分鐘。

手工塑型餅乾

咖啡堅果棒

份量 30 條

材料配方

A. 奶油 100g、糖粉 100g
B. 全蛋 35g

C. 低筋麵粉 190g
D. 咖啡粉 2g、水 2g

E. 研磨咖啡粉末 1 小匙、碎核桃 50g

製作過程

01
材料 A 拌匀。

02
將材料 B 打散後加入步驟 1 拌匀。

03
材料 C 過篩，備用。

04
將材料 C 加入步驟 2。

05
全部混合拌匀。

06
將麵團分割成 240g 和 180g 大小。

07 先將材料 D 拌勻後再加入 240g 的麵團中。

08 用手揉壓 240g 的麵團至顏色均勻即可。

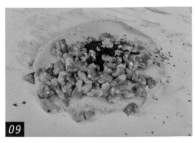

09 將材料 E 加入 180g 的麵團中。

10 用手揉壓 180g 的麵團至材料 E 分布均勻即可。

11 兩種麵團各取 8g，再分別搓成 10cm 長條狀。

12 將兩種長條狀麵團相互交叉纏繞 2 ～ 3 圈成麻花狀。

13 再一起搓成 10cm 長條狀。

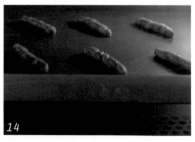

14 全部排放於烤盤中，即可放入烤箱烘烤。

15 以上火 160°C ／下火 150°C，烤約 20 分鐘。

02
手工塑型餅乾

雨滴核桃餅乾

手工塑型餅乾

雨滴核桃餅乾

份量 35 片

材料配方

A. 奶油 170g、細砂糖 100g

B. 全蛋 2 顆

C. 燕麥片 120g、蘇打餅乾 75g

D. 低筋麵粉 150g、小蘇打粉 ¼ 小匙、泡打粉 ¼ 小匙

E. 耐烤巧克力豆 75g、碎核桃 100g

製作過程

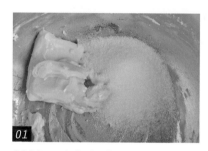

01 材料 A 全部加在一起拌勻。

02 將材料 B 分次加入步驟 1 拌勻。

03 先將材料 C 的蘇打餅乾敲碎備用。

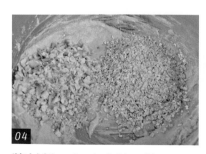

04 將材料 C 加入步驟 2 拌勻。

05 全部混合拌勻。

06 材料 D 過篩，備用。

將材料 D 加入步驟 5。

全部混合拌勻。

將材料 E 加入步驟 8。

全部混合拌勻後再放入冰箱冷藏 30 分鐘。

以冰淇淋勺或湯匙舀取每個約 25g 大小，再全部排入烤盤中。

全部壓整成 0.5cm 厚的圓片，即可放入烤箱烘烤。以上火 180℃／下火 140℃，烤約 20 分鐘。

02
手工塑型餅乾

巧克力堅果烤餅

份量 20 個

📇 材料配方

A. 全蛋 2 個、蛋黃 1 個、細砂糖 100g、
　　鹽 ¼ 小匙

B. 溶化發酵奶油 30g

C. 可可粉 20g、低筋麵粉 340g、泡打粉 1 小匙

D. 杏仁粒 100g

🖊 製作過程

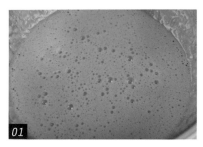

將材料 A 攪拌至稍鬆發。

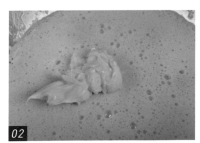

加入材料 B 拌勻。

材料 C 全部加在一起。

將材料 C 過篩，備用。

將材料 C 加入步驟 2。

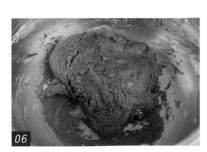

全部混合拌勻。

07 材料 D 加入步驟 6 拌勻，再放入冰箱冷藏 30 分鐘。

08 取出麵團並整形成 15cm×10cm 的長方形，即可放入烤箱烘烤。

09 以上火 160°C ／下火 130°C，烤約 30 分鐘，烘烤至膨脹定型。

10 出爐後待降溫，再切割成寬 1cm 厚的片狀，

11 將切好的餅乾排放於烤盤，並再次放入烤箱烘烤至乾燥。

12 第二次以上火 130°C ／下火 120°C，烤約 30 分鐘。

 TIPS

1. 烘烤這道餅乾最需要的就是時間和耐心，烤得不夠透就無法呈現出脆硬的口感；也可以在第二次烘焙時將餅乾切得更薄，縮短烤焙時間！

2. 這款餅乾的油脂含量低，很適合在下午茶時，佐一杯咖啡來享用哦！

02
手工塑型餅乾
抹茶奶油球

手工塑型餅乾

抹茶奶油球

份量 45 個

材料配方

A. 奶油 120g、糖粉 60g
B. 蛋黃 1 顆
C. 低筋麵粉 150g、抹茶粉 10g、玉米粉 20g
D. 糖粉 50g、抹茶粉 6g

製作過程

材料 A 加在一起。

將材料 A 拌勻。

材料 B 加入步驟 1。

全部混合拌勻。

將材料 C 全部放在一起。

材料 C 過篩,備用。

這道餅乾的發想是一位朋友請我吃從日本帶回來的點心，小巧精緻的包裝下，一顆顆濃郁抹茶風味的餅乾球，令人驚艷！

07

將材料 C 加入步驟 4 拌勻。

08

將麵團分割成每個 3g 大小，再搓、滾成圓團狀。

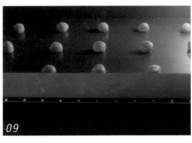

09

以上火 150℃／下火 140℃，烤約 15～20 分鐘。

10

材料 D 過篩。

11

將過篩後的材料 D 混合均勻備用。

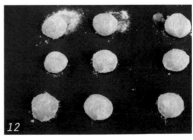

12

待出爐冷卻 2～3 分鐘，再沾裹上材料 D，最後再包裝成可愛糖果狀即可。

手工塑型餅乾

椰 香 小 點

份量 70 顆

材料配方

A. 奶油 210g、糖粉 140g、鹽 1g

B. 蛋黃 4 顆

C. 椰子粉 140g

D. 低筋麵粉 280g

製作過程

01 材料 A 加在一起。

02 將材料 A 拌勻。

03 材料 B 加入步驟 2。

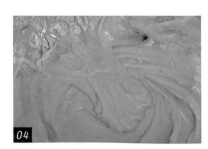
04 全部混合拌勻。

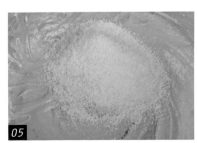
05 將材料 C 加入步驟 4。

06 全部混合拌勻。

材料 D 過篩，備用。

將材料 D 加入步驟 6。

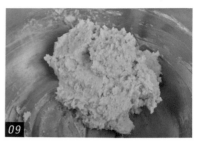

全部混合拌勻，再放入冰箱冷藏約 30 ～ 60 分鐘。

將麵團分割成每個約 10g 大小，搓圓後將表面捏成尖尖的水滴造型。

全部排入烤盤中，即可放入烤箱烘烤。

以上火 170℃ ／下火 140℃，烤約 20 ～ 25 分鐘。

02
手工塑型餅乾

黑糖酥

黑糖酥

份量 35 個

材料配方

A. 奶油 100g、黑糖 80g
B. 蛋白 10g
C. 薑母粉 ¼ 小匙、低筋麵粉 150g
D. 椰子絲 10g、碎核桃 40g

製作過程

材料 A 加在一起。

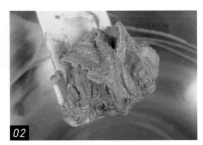

將材料 A 拌勻。

材料 C 過篩，備用。

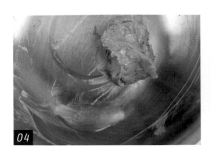

將材料 B 加入步驟 2。

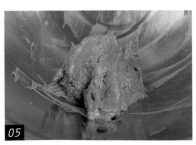

全部混合拌勻。

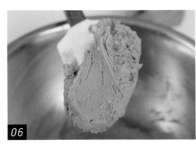

將材料 C 加入步驟 5 拌勻。

1. 這款餅乾是偶然在一家西點麵包店發現的，特殊的外形及風味，除了自己品嚐之外也希望介紹給您！

2. 這款餅乾須套上框模烘烤，才能做出這款造型；也可以用製作「一口酥」的鳳梨酥圓模製作，尺寸為直徑 4.5cm 高 2cm。

3. 可依個人喜好選擇是否使用框模。

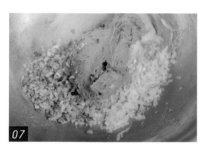

材料 D 加入步驟 2。

全部混合拌勻後放置冷凍冰硬。

將冰硬的麵團刨成細絲。

可邊刨絲邊撒上少許高筋麵粉，使其不沾黏。

取約 10g 的麵團量，填入圓型框模中，即可放入烤箱烘烤。（註：勿壓緊。）

以上火 150℃／下火 130℃ 烤約，烤約 25 ～ 30 分鐘。（註：使用金屬框模一起烘烤，可使餅乾更顯立體。）

02
手工塑型餅乾

香草甜味餅乾

份量 40 個

材料配方

A. 奶油 150g、糖粉 60g

B. 蛋黃 20g、牛奶 25g、香草莢醬 1 大匙

C. 低筋麵粉 200g

D. 細砂糖適量

製作過程

材料 A 全部加在一起。

將材料 A 拌勻。

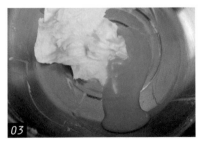

分次將材料 B 的蛋黃加入步驟 2 拌勻。

再依序將材料 B 所有材料加入拌勻。

準備材料 C。

材料 C 過篩，備用。

07 將材料 C 加入步驟 4 拌勻。

08 將麵團分割成每個 10g 大小，再搓成圓團狀。

09 將圓團狀的麵團放入材料 D 中。

10 用手翻動讓麵團能均勻沾裹上材料 D。

11 全部排放於烤盤中，再以手指壓出一凹槽。

12 以上火 170℃／下火 150℃，烤約 25 分鐘。

 TIPS

香草莢醬可以用香草粉或香草精代替，但須減量使用。

02
手工塑型餅乾
珍珠甜甜圈

手工塑型餅乾

珍珠甜甜圈

份量 40 個

材料配方

A. 奶油 200g、糖粉 100g　　C. 低筋麵粉 330g、泡打粉 ¼ 小匙　　E. 珍珠糖

B. 全蛋 25g　　　　　　　　D. 溶化巧克力適量

製作過程

01 材料 A 拌勻。

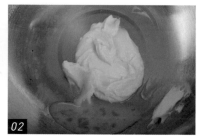
02 將材料 B 加入步驟 1。

03 全部混合拌勻。

04 材料 C 全部加在一起。

05 將材料 C 過篩，備用。

06 將過篩後的材料 C 混合均勻。

材料 C 加入步驟 3。

全部混合拌勻。

將麵團分割成每個 15g 大小，
再塑型成甜甜圈形狀。

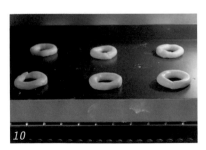

全部排入烤盤中，以全火
160°C，烤約 20 ～ 25 分鐘。

待出爐冷卻後，將表面沾上
材料 D。

最後撒上材料 E 裝飾點綴，
即完成了可愛的手工餅乾。

手工塑型餅乾

草莓果醬餅

份量 45 片

材料配方

A. 奶油 230g、糖粉 180g、全蛋 60g

B. 小蘇打粉 ½ 小匙、低筋麵粉 420g、杏仁粉 40g

C. 草莓果醬適量

製作過程

01 材料 A 全部加在一起。

02 全部混合拌勻。

03 材料 B 全部加在一起。

04 將材料 B 過篩，備用。

05 將過篩後的材料 B 集中在一起。

06 材料 B 加入步驟 2 拌勻。

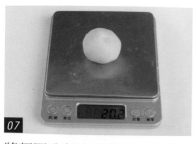

將麵團分割成每個 20g 大小，搓、滾成圓團狀。

全部排放於烤盤中，再以大拇指在表面壓一凹槽。

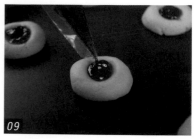

將材料 C 擠入餅乾凹槽中。

在表面刷上一層蛋黃。

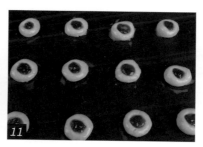

全部刷完後即可放入烤箱烘烤。

以上火 210℃／下火 160℃，烤約 15 分鐘。

TIPS

1. 草莓果醬可換成不同的口味，例如：鳳梨、藍莓、蘋果等果醬。

2. 壓下的凹槽深度約 1cm 即可，壓太深會容易在烤焙後呈外擴攤平狀。

02
手工塑型餅乾

竹炭餅乾

02
手工塑型餅乾

竹炭餅乾

份量 30 片

材料配方

A. 奶油 200g、糖粉 100g　　C. 竹炭粉 12g、低筋麵粉 240g

B. 全蛋 35g　　　　　　　　D. 碎核桃 80g

製作過程

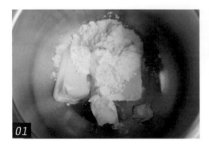

01 材料 A 全部加在一起。

02 將材料 A 攪拌至稍發。

03 加入材料 B 拌勻。

04 材料 C 全部加在一起。

05 將材料 C 過篩。

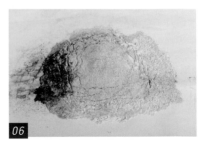

06 將過篩後的材料C集中在一起。

材料 C 加入步驟 3。

全部混合拌勻。

加入材料 D 拌勻。

將麵團分割成每個 20g 大小。

全部排入烤盤中,再壓整成 0.5cm 圓扁狀,即可放入烤箱 烘烤。

以上火 170℃ /下火 150℃, 烤約 20 分鐘。

03

擠注型餅乾

Squeeze-type cookies

使用擠花袋的熟練度和挑選適當的花嘴，
關係著完美擠注型餅乾的成敗。
想要做出完美圖案，多練習將是不二法門！

03
擠注型餅乾

檸檬丹麥小西餅

份量 50 片

材料配方

A. 奶油 200g、糖粉 75g　　C. 檸檬皮末（1 顆的量）　　E. 檸檬皮末（裝飾用）

B. 蛋 2 顆　　　　　　　　D. 奶粉 35g、低筋麵粉 240g

製作過程

01

材料 A 全部加在一起。

02

將材料 A 打發至絨毛狀。

03

分次加入材料 B。

04

全部混合拌匀。

05

材料 C 刨好備用。

06

將材料 C 加入步驟 4 拌匀。

07 材料 D 全部加在一起。

08 材料 D 過篩。

09 將過篩後的材料 D 集中在一起。

10 將材料 D 加入步驟 6。

11 全部混合拌勻。

12 將麵糊裝入擠花袋中。

13 以菊花型花嘴擠出約 5 元硬幣大小的圓形，以三個相連為一組。

14 表面再撒上少許材料 E，即可放入烤箱烘烤。

15 以上火 180°C ／下火 150°C，烤約 18 分鐘。

Tips

檸檬皮末只磨表面綠色部份，才會有檸檬的香氣。

菊花酥

03
擠注型餅乾

菊花酥

份量 70 片

材料配方

A. 奶油 100g、酥油 100g、糖粉 120g、鹽 ¼ 小匙　　C. 中筋麵粉 260g、起士粉 30g
B. 全蛋 1 顆、奶水 40g

製作過程

01

材料 A 全部加在一起。

02

將材料 A 打發至絨毛狀。

03

先將材料 B 的蛋加入步驟 2
拌勻。

04

再將材料 B 的奶水加入步驟 3
拌勻。

05

材料 C 全部加在一起。

06

將材料 C 過篩，備用。

材料 C 加入步驟 4。

全部混合拌勻。

將麵糊裝入擠花袋中。

用手將擠花袋中的麵糊往前端推擠。

以菊花型花嘴在烤盤上擠出造形麵糊，即可放入烤箱烘烤。

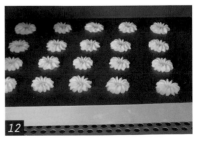

以上火 200℃／下火 150℃，烤約 15 ～ 20 分鐘。

羅密亞小西餅

份量 50 片

🍯 材料配方

» 餅乾

A. 奶油 150g、糖粉 100g

B. 蛋白 120g

C. 奶粉 30g、杏仁粉 100g、低筋麵粉 250g

» 內餡

D. 奶油 100g、黃砂糖 60g、糖粉 50g、
水麥芽 110g、動物性鮮奶油 40g

E. 杏仁角 110g

🥄 製作過程

材料 A 全部加在一起。

將材料 A 稍打發。

加入材料 B 拌勻。

材料 C 全部加在一起。

材料 C 過篩，備用。

將材料 C 加入步驟 3 拌勻。

麵糊裝入擠花袋中。

用手將擠花袋裏的麵糊往前推擠集中。

以專屬花嘴在烤盤上擠出中空狀花形麵糊。

材料 D 全部加在一起。

將材料 D 煮沸。

材料 E 加入步驟 11。

待降溫備用。

可用湯勺或擠花袋為輔助，將內餡舀入餅乾中間。

以上火 190℃／下火 170℃，烤約 20 分鐘。

03
擠注型餅乾

榛果巧克力甜心

03
擠注型餅乾

榛果巧克力甜心

份量 40 個

材料配方

A. 蛋白 100g、細砂糖 35g

B. 香草粉 ¼ 小匙、榛果粉 60g、糖粉 60g、低筋麵粉 60g

C. 苦甜巧克力

D. 彩糖銀珠

製作過程

材料 A 全部加在一起。

材料 A 在打發時要注意不能沾到任何的油脂，否則會有打不起來的狀況。

將材料 A 打至乾性發泡。

材料 B 全部加在一起。

將材料 B 過篩，備用。

將過篩後的材料 B 集中在一起。

07

材料 B 加入步驟 3。

08

全部混合拌勻。

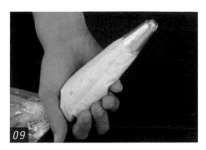

09

將麵糊裝入擠花袋中。

10

以菊花型花嘴在烤盤中擠出「心型」的形狀，即可放入烤箱烘烤。

11

以全火 170℃，烤約約 25 分鐘。

12

先將材料 C 溶化備用。

13

將溶化的材料 C 裝入擠花袋中。

14

餅乾出爐待冷卻後，在中間的鏤空部份填入溶化苦甜巧克力。

15

最後再點綴上材料 D 即可。

咖啡杏仁脆餅

份量 50 片

材料配方

A. 奶油 120g、糖粉 70g、軟質巧克力 65g

B. 蛋白 90g

C. 咖啡粉 7g、低筋麵粉 210g

D. 杏仁粒適量

製作過程

01 材料 A 全部加在一起。

02 將材料 A 打發至絨毛狀。

03 材料 B 分次加入步驟 2。

04 全部混合拌勻。

05 材料 C 全部加在一起。

06 材料 C 過篩,備用。

07 將材料 C 加入步驟 4。

08 全部混合拌勻。

09 將麵糊裝入擠花袋中。

10 以菊花型花嘴在烤盤上擠出菊花造形。

11 在餅乾中間嵌入材料 D 裝飾，即可放入烤箱烘烤。

12 以上火 190°C ／下火 140°C，烤約 20 ～ 25 分鐘。

TIPS

裝飾杏仁粒先以 150°C 烤 10 分鐘，冷卻備用。

03
擠注型餅乾

奶酥巧克力派

擠注型餅乾

奶酥巧克力派

份量 10 個

材料配方

A. 乳瑪琳 75g、酥油 95g、糖粉 90g、鹽 1g

B. 全蛋 170g、香草精少許

C. 奶粉 25g、低筋麵粉 320g

D. 橘子果醬適量

E. 苦甜巧克力

製作過程

01 材料 A 全部加在一起。

02 將材料 A 打發至絨毛狀。

03 將材料 B 分次加入步驟 2。

04 全部混合拌勻。

05 材料 C 過篩，備用。

06 將材料 C 加入步驟 4。

全部混合拌勻。

將麵糊裝入擠花袋中。

以菊花形花嘴在烤盤上擠出彎曲的長條形，即可放入烤箱烘烤。

以上火 180℃／下火 140℃，烤約 25 分鐘。

將材料 E 溶化備用。

餅乾 2 片為一組，分別塗抹上材料 D。

將 2 片餅乾合併一起。

分別將餅乾的兩端沾裹上材料 E。

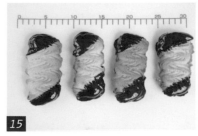

待巧克力冷卻變硬後風味更佳。

03
擠注型餅乾

玫瑰核桃小西餅

份量 40 片

🍯 材料配方

A. 發酵奶油 100g、糖粉 100g

B. 蛋白 65g

C. 玫瑰花釀糖漿 15g

D. 核桃 60g、乾燥玫瑰花瓣 3 大匙

E. 低筋麵粉 150g

📎 製作過程

01 材料 A 全部加在一起。

02 將材料 A 拌勻。

03 加入材料 B 拌勻。

04 加入材料 C。

05 全部混合拌勻。

06 將材料 D 切細碎，核桃也可以用調理機打成粗粉狀備用。

將材料 D 加入步驟 5 拌勻。

材料 E 過篩，備用。

將材料 E 加入步驟 7 拌勻。

將麵糊裝入擠花袋中。

以直徑 1cm 平口花嘴擠出心形，即可放入烤箱烘烤。

以上火 160°C ／下火 140°C，烤約 25 分鐘。

03
擠注型餅乾

黑巧克力小西餅

黑巧克力小西餅

份量 80 片

⚖ 材料配方

A. 奶油 130g、小蘇打粉 1g、鹽 ¼ 小匙、
　糖粉 120g、奶粉 30g

B. 苦甜巧克力 150g、酥油 40g

C. 全蛋 120g

D. 中筋麵粉 225g、泡打粉 ½ 小匙

E. 苦甜巧克力、杏仁角適量

🥣 製作過程

材料 A 全部加在一起。

將材料 A 打發至絨毛狀。

材料 B 全部加在一起，加熱至溶化。

待材料 B 稍降溫後加入步驟 2 拌勻。

分次拌入材料 C。

全部混合拌勻。

07

材料 D 全部加在一起。

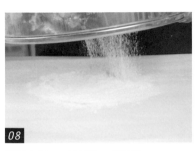

08

將材料 D 過篩，備用。

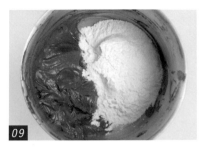

09

材料 D 加入步驟 6。

10

全部混合拌勻。

11

將麵糊裝入擠花袋。

12

以尖齒花嘴在烤盤上擠出「8」字形。

13

在餅乾的一端裝飾杏仁角，即可放入烤箱進行烘烤，以上火 170℃／下火 160℃，烤約 15 ～ 18 分鐘。

14

將溶化的苦甜巧克力裝入擠花袋中。

15

待餅乾冷卻後，在另一端擠上適量的溶化苦甜巧克力裝飾。

擠注型餅乾

超濃起士餅

份量 60 條

🍳 材料配方

A. 發酵奶油 160g、無水奶油 120g、鹽 1g、糖粉 80g、切達乳酪片 6 片
B. 起士粉 25g、黃金起士粉 10g、帕瑪森乳酪粉 35g
C. 全蛋 50g、蛋白 70g
D. 低筋麵粉 310g、粗黑胡椒粉 ½ 小匙
E. 帕瑪森乳酪粉適量

🍴 製作過程

材料 A 全部加在一起。

將材料 A 打發至絨毛狀。

材料 B 加入步驟 2。

全部混合拌勻。

分次加入材料 C。

全部混合拌勻。

07

材料 D 的低筋麵粉過篩，備用。

08

將材料 D 全部加入步驟 6 拌勻。

09

將麵糊裝入擠花袋。

10

用手將擠花袋中的麵糊往前端推擠。

11

以直徑 12cm 的平口花嘴在烤盤上擠出約 7 ～ 8cm 的長條狀麵糊。

12

在表面撒上材料 E 後即可放入烤箱烘烤，以上火 140℃ ／下火 130℃，烤約 30 ～ 35 分鐘。

牛粒

牛粒

份量 130 片

📐 材料配方

A. 全蛋 270g、蛋黃 2 顆、細砂糖 180g、鹽 ¼ 小匙

B. 低筋麵粉 200g

C. 糖粉適量

» 夾心餡

D. 奶油 100g、果糖 40g

🔌 製作過程

01 材料 A 全部加在一起。

02 將材料 A 一起隔水加熱至 40℃，再快速打發。

03 須打發至濃稠狀。

04 材料 B 過篩，備用。

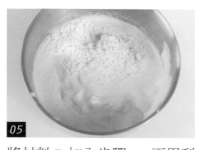

05 將材料 B 加入步驟 3，再用刮板將材料 B 拌勻。

06 將麵糊裝入擠花袋中。

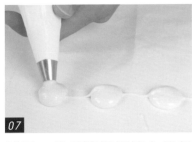

07

以平口花嘴將麵糊擠在烤盤布上。

08

篩上材料 C 後，即可放入烤箱烘烤。

09

以上火 170°C／下火 150°C，烤約 12 分鐘。

10

材料 D 全部加在一起。

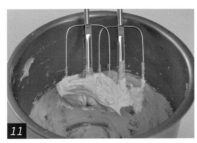

11

將材料 D 打發至絨毛狀備用。

12

將材料 D 裝入擠花袋中。

13

以剪刀剪掉擠花袋前端。

14

出爐後待冷卻，再將材料 D 塗抹於餅乾底部。

15

餅乾以 2 個為一組。

 TIPS

若想變化其他顏色及口味，可在步驟 5 時依喜好加入草莓精或香草精。

03
擠注型餅乾

杏仁小水滴

份量 150 個

材料配方

A. 蛋白 100g、細砂糖 50g

B. 杏仁粉 300g、低筋麵粉 15g、糖粉 45g

C. 杏仁粒 50 粒

製作過程

01 材料 A 全部加在一起。

02 將材料 A 打至乾性發泡。

03 材料 B 全部加在一起。

04 將材料 B 過篩，備用。

05 過篩後的材料 B 集中在一起。

06 材料 B 加入步驟 2。

07

全部混合拌勻。

08

將麵糊裝入擠花袋中。

09

以直徑 0.5cm 平口花嘴,擠出每個約 2 ～ 3g 的小水滴狀。

10

材料 C 切半備用。

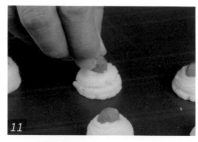

11

將杏仁粒放在擠好的麵糊頂端,即可放入烤箱烘烤。

12

以上火 130°C /下火 120°C,烤約 40 分鐘。

03
擠注型餅乾

紅茶餅乾

03
擠注型餅乾

紅茶餅乾

份量 60 片

⚖️ 材料配方

A. 奶油 190g、鹽 ¼ 小匙、糖粉 190g　　C. 紅茶茶包 4 包、熱開水 35g

B. 全蛋 115g　　　　　　　　　　　　D. 中筋麵粉 350g

🖷 製作過程

01

材料 A 全部加在一起。

02

將材料 A 拌勻。

03

分次加入材料 B。

04

全部混合拌勻。

05

將材料 C 一起浸泡 5 分鐘，待出味。

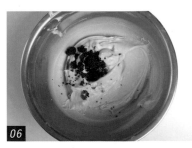

06

將紅茶汁瀝出後待冷卻，再分別將汁和茶末加入步驟 4 拌勻。

07 材料 D 過篩,備用。

08 將材料 D 加入步驟 6。

09 全部混合拌勻。

10 將麵糊裝入擠花袋中。

11 以扁平鋸齒花嘴擠出 2 條 5cm 並排的長條狀麵糊,即可放入烤箱烤焙。

12 以上火 170°C /下火 150°C,烤約 15 ～ 20 分鐘。

03
擠注型餅乾

黑糖薑味雜糧餅

份量 45 片

🍯 材料配方

A. 奶油 250g、黑糖 100g　　C. 薑母粉 ½ 小匙、雜糧預拌粉 100g、低筋麵粉 200g
B. 全蛋 40g、蛋白 40g

🔧 製作過程

材料 A 全部加在一起。

將材料 A 打發至絨毛狀。

分次加入材料 B。

全部混合拌勻。

材料 C 全部加在一起。

將材料 C 過篩，備用。

07

將材料 C 加入步驟 4。

08

全部混合拌勻。

09

將麵糊裝入擠花袋中。

10

以直徑 1cm 的平口花嘴，擠出每個約 15g 圓形。

11

表面撒上細珍珠糖，即可放入烤箱烘烤。

12

以上火 170℃／下火 150℃，烤約 20 分鐘。

03
擠注型餅乾

抹茶脆糖酥

03
擠注型餅乾

抹茶脆糖酥

份量 120 片

材料配方

A. 奶油 140g、黃砂糖 75g
B. 蛋白 100g

C. 杏仁粉 100g、低筋麵粉 200g、抹茶粉 10g
D. 黃砂糖適量

製作過程

01 材料 A 全部加在一起。

02 將材料 A 打發至絨毛狀。

03 分次加入材料 B。

04 全部混合拌勻。

05 材料 C 全部加在一起。

06 將材料 C 過篩，備用。

07

材料 C 加入步驟 4。

08

全部混合拌勻。

09

將麵糊裝入擠花袋中。

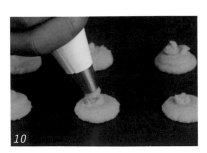

10

以平口花嘴擠出每個約 5g 的量。

11

表面撒上少許材料 D 裝飾，即可放入烤箱烘烤。

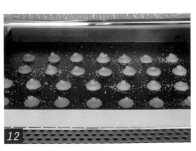

12

以上火 160°C ／下火 160°C，烤約 15 ～ 20 分鐘。

德 國 結 餅 乾

份量 50 個

材料配方

A. 奶油 100g、糖粉 45g、鹽 1g

B. 全蛋 50g、香草精少許

C. 低筋麵粉 160g

D. 蛋白適量、粗粒砂糖適量

製作過程

材料 A 全部加在一起。

將材料 A 拌勻。

加入材料 B。

全部混合拌勻。

材料 C 過篩，備用。

將材料 C 加入步驟 4。

07 全部混合拌勻。

08 將麵糊裝入擠花袋。

09 以小平口花嘴擠出「德國結」的形狀。

10 在「德國結」的表面刷上一層蛋白。

11 再撒上粗粒砂糖，即可放入烤箱烘烤。

12 以上火 170℃／下火 170℃，烤約 20 分鐘。

03
擠注型餅乾

香橙儂格酥

03
擠注型餅乾

香橙儂格酥

份量 70 片

⚖ 材料配方

A. 有鹽奶油 230g、糖粉 140g

B. 全蛋 4 顆

C. 柳橙皮末 1 顆

D. 杏仁粉 40g、低筋麵粉 240g、玉米粉 20g

🥣 製作過程

01 材料 A 全部加在一起。

02 將材料 A 打發至絨毛狀。

03 加入材料 B。

04 全部混合拌勻。

05 加入材料 C。

06 材料 D 全部加在一起。

07

將材料 D 過篩，備用。

08

材料 D 加入步驟 5。

09

全部混合拌勻。

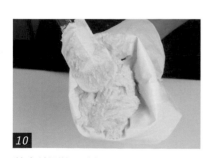

10

將麵糊裝入擠花袋中。

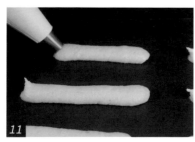

11

以直徑 1cm 平口花嘴，在烤盤上擠出 6cm 的長條狀麵糊，即可放入烤箱烘烤。

12

以上火 150°C ／下火 140°C，烤約 25 ～ 30 分鐘。

◆ Biscuit Classroom ◆
Graphic Tutorials

餅乾教室 圖解教程 1

營養、手塑、擠注

書　　　名	餅乾教室‧圖解教程 1（營養、手塑、擠注）
作　　　者	張德芳
分解圖示範	蕭揮璁
發　行　人	程安琪
總　策　劃	程顯灝
總　編　輯	盧美娜
主　　　編	盧欀云
內 頁 設 計	沈國英
內 頁 排 版	羅光宇
封 面 設 計	洪瑞伯
步 驟 攝 影	安德烈創意攝影有限公司
發　行　部	侯莉莉
出　版　者	橘子文化事業有限公司
總　代　理	三友圖書有限公司
地　　　址	106 台北市安和路 2 段 213 號 4 樓
電　　　話	（02）2377-4155
傳　　　真	（02）2377-4355
E - m a i l	service@sanyau.com.tw
郵 政 劃 撥	05844889 三友圖書有限公司
總　經　銷	大和書報圖書股份有限公司
地　　　址	新北市新莊區五工五路 2 號
電　　　話	（02）8990-2588
傳　　　真	（02）2299-7900

初　　版　2018 年 1 月
定　　價　新臺幣 320 元
I S B N　978-986-364-115-5（平裝）

國家圖書館出版品預行編目 (CIP) 資料

餅乾教室 . 圖解教程 .1(營養、手塑、擠
注) / 張德芳 作 . -- 初版 . -- 臺北市：橘
子文化 , 2018.01
　　面；　公分
　　ISBN 978-986-364-115-5(平裝)

1. 點心食譜

427.16　　　　　　　　　106023206

三友官網

三友 Line@

【黏貼處】對折後寄回，謝謝。

親愛的讀者：

感謝您購買《餅乾教室．圖解教程1（營養、手塑、擠注）》一書，為感謝您的支持與愛護，只要填妥本回函，並寄回本社，即可成為三友圖書會員，將定時提供新書資訊及各種優惠給您。

1 您從何處購得本書？
□博客來網路書店 □金石堂網路書店 □誠品網路書店 □其他網路書店
□實體書店______

2 您從何處得知本書？
□廣播媒體 □臉書 □朋友推薦 □博客來網路書店 □金石堂網路書店
□誠品網路書店 □其他網路書店______□實體書店______

3 您購買本書的因素有哪些？(可複選)
□作者 □內容 □圖片 □版面編排 □其他______

4 您覺得本書的封面設計如何？
□非常滿意 □滿意 □普通 □很差 □其他______

5 非常感謝您購買此書，您還對哪些主題有興趣？(可複選)
□中西食譜 □點心烘焙 □飲品類 □瘦身美容 □手作DIY
□養生保健 □兩性關係 □心靈療癒 □小說 □其他______

6 您最常選擇購書的通路是以下哪一個？
□誠品實體書店 □金石堂實體書店 □博客來網路書店 □誠品網路書店
□金石堂網路書店 □PC HOME網路書店 □Costco
□其他網路書店______ □其他實體書店______

7 若本書出版形式為電子書，您的購買意願？
□會購買 □不一定會購買 □視價格考慮是否購買 □不會購買
□其他______

8 您是否有閱讀電子書的習慣？
□有，已習慣看電子書 □偶爾會看 □沒有，不習慣看電子書
□其他______

9 您認為本書尚需改進之處？以及對我們的意見？
____

10 日後若有優惠訊息，您希望我們以何種方式通知您？
□電話 □E-mail □簡訊 □書面宣傳寄送至貴府 □其他______

謝謝您的填寫，
您寶貴的建議是我們進步的動力！

姓名______________ 出生年月日______________
電話______________ E-mail______________
通訊地址______________________________

【黏貼處】對折後寄回，謝謝。

地址： 縣/市 　　　鄉/鎮/市/區 　　　路/街

段　　　巷　　　弄　　　號　　　樓

廣　告　回　函
台北郵局登記證
台北廣字第2780號

三友圖書有限公司 收
SANYAU PUBLISHING CO., LTD.

106 　台北市安和路2段213號4樓

SANYAU

三友圖書 / 讀者俱樂部

填妥本問卷，並寄回，即可成為三友圖書會員。
我們將優先提供相關優惠活動訊息給您。

優質好康

粉絲招募
歡迎加入

。看書 所有出版品應有盡有
。分享 與作者最直接的交談
。資訊 好書特惠馬上就知道

旗林文化╳橘子文化╳四塊玉文創
https://www.facebook.com/comehomelife